科学真好玩儿

不可思议
的恐龙

你住在哪里?

你最喜欢什么食物?

你喜欢像霸王龙一样到处跑吗?

你最好的朋友是谁?

[英] 卡米拉·德·拉·贝杜瓦耶 编

[西班牙] 蕾尔·马丁 绘

钟晓辉 译

胡怡 审译

你有多少本关于恐龙的书呢?

四川教育出版社

恐龙生活在什么时候呢?

　　最早的恐龙大约生活在 2.4 亿年前,比人类出现的时间要早得多呢! 恐龙是由恐龙形类动物中的一种进化而来的。恐龙的祖先是像猫一般大小的爬行动物。

我是恐龙的祖先。我们随着时间的推移不断进化,使自己能在不断改变的环境中更好地生存。

我是最早出现的恐龙之一。我生活在大约 2.3 亿年前。

埃雷拉龙

特暴龙

我是最晚出现的恐龙之一。我生活在 7 000 万年前。

所有的恐龙都很大吗？

不是。各种体形和大小的恐龙都有。最大的是雷龙，它们体长二十多米，有六头大象那么重。

我是最大的恐龙之一，你能猜到我来自哪个国家吗？

阿根廷龙

这个可怕的小家伙是小盗龙。它只有 40～60 厘米长

小体形使我能在树林里滑翔。

恐龙生活在哪里呢？

最早的恐龙生活在泛大陆上，那是一块单一的、巨大的陆地。当时的世界又热又干燥，只有一个海洋，叫作泛大洋。当时恐龙可以从北极走到南极。地球上的这段时期我们称为三叠纪。

泛大陆

恐龙派对会邀请谁呢?

恐龙是爬行动物,所以它们可能会邀请其他爬行动物。这些小慈母龙宝宝刚刚孵化出来,所以要举行一个生日派对。你能认出哪些客人不是恐龙吗?

慈母龙

谁在照看宝宝?

慈母龙妈妈在照看它们的巢、蛋和幼崽,以保护它们免遭饥饿的伤齿龙的伤害。

小心啊!孩子们,那只饥饿的伤齿龙正用它的大眼睛盯着你们呢!

伤齿龙比较聪明,它们有大大的眼睛和锋利的爪子

为什么恐龙的名字这么奇怪呢？

恐龙的名字通常是由多个词组合在一起的。这些名字会告诉我们很多关于它们的信息。

鲨齿龙：有和鲨鱼一样的锋利牙齿的恐龙

霸王龙：残暴的"蜥蜴王"

冠龙：头上有冠的恐龙

慈母龙："好妈妈蜥蜴"

三角龙：头上有三只角的恐龙

牛角龙：像牛一样的"蜥蜴"

寐龙：第一具化石被发现时保持着睡觉姿势的恐龙

嘿！谁是霸王龙啊？

寐龙身上覆盖着鸟羽一样的羽毛，可能是五颜六色的

恐龙皮肤上有软毛吗？

没有。恐龙没长软毛，但很多恐龙长有羽毛。这些羽毛通常是蓬松的。这些恐龙的羽毛就像现在的鸟的羽毛一样，有保暖的作用。

羽王龙的身长最长可达 9 米，全身覆盖着蓬松的羽毛

你知道吗?

成年霸王龙比公共汽车更长、更重，它的头盖骨重到需要用叉车才能挪动。

巨齿龙被命名于 1824 年，也是第一种被命名的恐龙。当它的大腿骨被挖出来的时候，人们还以为那是一个巨人的骨头呢!

食肉恐龙有弯曲的长牙，非常锋利。

雷龙体形巨大，有长长的脖子。但是它们不是有史以来最大的动物。生活在现代海洋里的蓝鲸才是最大的动物。

食草恐龙的牙齿形状类似钉子或者勺子。

所有的恐龙都会行走，
其中一些会游泳，还有一些
恐龙（如小盗龙）则可以在
树木间滑翔。

恐龙没有膝
盖骨，但是没
人知道原因。

霸王龙和特暴龙
是优秀的"芭蕾舞者"：
它们可以用脚尖优美地
平衡身体。

鱼龙游泳速度
非常快，它们是生
活在海里的爬行动
物。鱼龙的外形与
鲸、海豚类似，但
是它同蛇和蜥蜴才
是亲戚。

哪种恐龙的脖子最长呢?

蜥脚类恐龙脖子最长。
它们体形巨大,脖子非常长,腕龙
就是其中一种。长长的脖子使蜥脚类恐
龙可以吃到高处的树叶。它们可能一整天都
在进食。

马门溪龙

腕龙

副栉龙

> 恐龙会吼
> 叫吗?

没人知道恐龙究竟怎么叫的。它们可能
会吼叫、咆哮、叽叽喳喳地叫,或者它们根本
不会叫。副栉龙头上的长冠中间是空的,当气流
通过的时候,长冠会发出像喇叭一样的响声。

梁龙

梁龙也有长长的、弯曲的尾巴。
它们会用尾巴击打对手

你觉得我帅吗？

窃蛋龙

一些恐龙很爱美！角、
褶边、头上的护甲、彩色的羽毛或皮肤
等都可能会帮助雄性恐龙吸引雌性。

9

谁是恐龙之王呢？

　　小心啊，恐龙之王霸王龙来啦！霸王龙体长可达 13 米，重 7 吨左右，是有史以来陆地上最大的食肉动物之一。

> 霸王龙可能是成群狩猎的。对我这样的三角龙来说，看到一群霸王龙简直太可怕了！

呀！

霸王龙有多可怕呢？

　　它们是最恐怖的恐龙之一。霸王龙体形巨大，是可怕又强大的捕猎者。它们捕食其他大型恐龙，在捕食时它们会把猎物的骨头都咬断的！

四肢上的锋利爪子

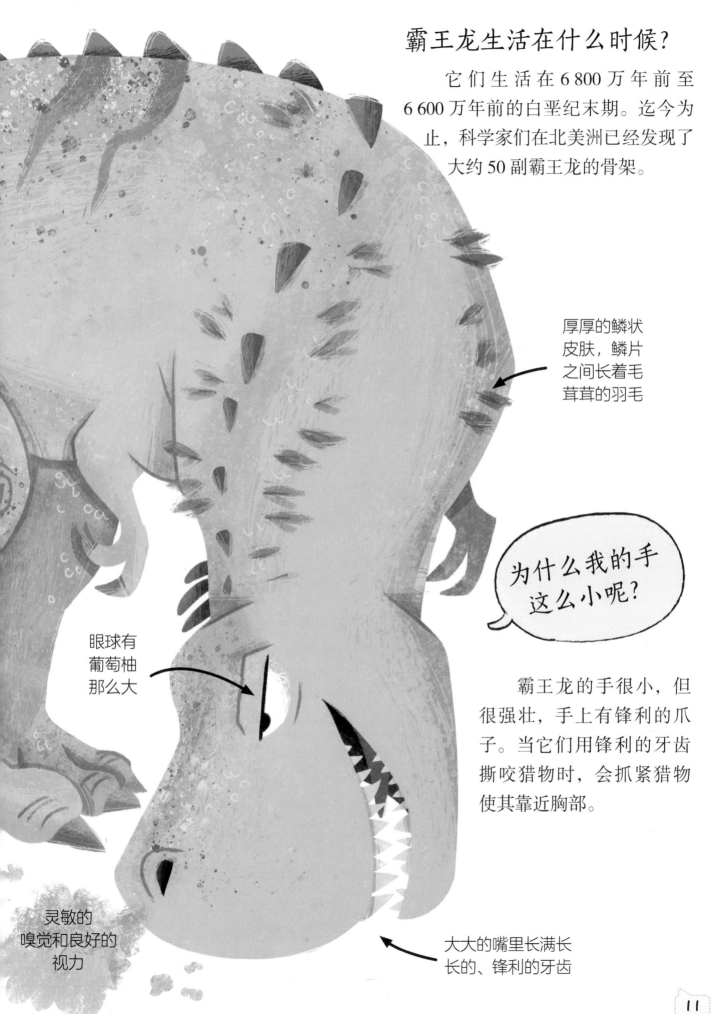

霸王龙生活在什么时候?

它们生活在 6 800 万年前至 6 600 万年前的白垩纪末期。迄今为止,科学家们在北美洲已经发现了大约 50 副霸王龙的骨架。

厚厚的鳞状皮肤,鳞片之间长着毛茸茸的羽毛

为什么我的手这么小呢?

霸王龙的手很小,但很强壮,手上有锋利的爪子。当它们用锋利的牙齿撕咬猎物时,会抓紧猎物使其靠近胸部。

眼球有葡萄柚那么大

灵敏的嗅觉和良好的视力

大大的嘴里长满长长的、锋利的牙齿

看数字，学科学

镰刀龙每只手上有 **3** 根指爪，指爪最长可达71厘米。它可能是用自己巨大的爪子抓住树枝，将树叶送进嘴里。

目前已知的最小的恐龙蛋长约 **10** 厘米，最大的长 **30** 厘米，是鸵鸟蛋的2倍。

人们每年大约能发现 **50** 种新恐龙。

1905年，一只霸王龙的骨头在博物馆首次展出。当时，科学家们觉得那些骨头只有 **800万** 岁。

霸王龙奔跑的速度可达到 **30** 千米每小时，比大象快，但比赛马要慢得多。

大多数恐龙生长都很迅速，在**30**岁之前就会死掉。

白垩纪时期，地球上的温度比现在高大约**6℃**。在这种炎热潮湿的气候里，连北极都生长着茂密的森林。

马门溪龙脖子上有**19**块骨头，比已知的任何恐龙都要多。

10岁大的霸王龙体重每天会增加**2**千克。新孵化出来的霸王龙只有鸽子那么大，但它们长得超级快。

侏罗纪时期持续了**5 500万**年。然后，泛大陆开始分裂成为大块的陆地，人们把它叫作大陆。

恐龙是如何保护自己的?

　　很多食草恐龙都有骨质的盔甲，保护它们不受攻击。厚厚的骨板、护甲、鳞片、尖刺以及骨质凸起都能帮助甲龙抵御食肉恐龙锋利的爪子和匕首般的牙齿。

哗啦!

为什么你的尾巴上有一根大棒子呢?

甲龙

我是甲龙，生活在白垩纪末期。我的尾巴末端有一个巨大的尾锤，它非常有用，可以痛打任何想要袭击我的敌人，比如那边的那只霸王龙。

恐龙吃什么？

一些恐龙捕食其他动物，一些恐龙以植物为食，还有一些找到什么吃什么。

我全副武装，我有大大的、有力的爪子，我的嘴里有锋利的牙齿。我跑得很快，很聪明……我饿了，要吃肉。

像恐爪龙这样的猛龙类恐龙行动敏捷，奔跑速度超级快

楯甲龙

我以植物为食。我的身体覆盖着骨甲和刺，这让恐爪龙很难攻击我。

霸王龙要吃多少食物？

好吃！

霸王龙是一头饥饿的野兽，一天要吃大约 110 千克肉。相当于 1 000 多个汉堡包！

我这类食草动物主要以生长在低处的植物和树叶为食，连我们的牙齿都是树叶形状的。

我长着长长的腿，身上有羽毛，喙里没长牙，看起来像只鸵鸟。我主要以虫子、蜥蜴和其他小动物为食。

恐爪龙

似鸟龙

恐龙能跑多快？

食草恐龙行动缓慢，而大多数食肉恐龙需要快速奔跑来捕捉猎物。

似鸟龙是速度最快的恐龙之一，它的奔跑速度最高可达 35 千米每小时

恐龙会飞吗？

会的！我们周围有很多飞翔的"恐龙"，我们称它们为鸟。

经过漫长的进化，一些恐龙开始长出翅膀和羽毛，外形越来越像鸟。在 1.5 亿年前，最早的鸟类出现了。据研究，所有的鸟类可能都是由恐龙进化来的。

最早的鸟叫什么呢？

始祖鸟。就是我啦！我有牙齿，翅膀上长有爪子，还有一个长长的、骨质的尾巴。我可以爬行、奔跑、滑翔，甚至还能飞一小段距离。

我生活在 1.3 亿年前。我可以扇动翅膀，在树木间滑翔。

小盗龙

风神翼龙

我是一种巨大的翼龙。我的翼展可达 12 米，我是有史以来最大的飞行动物之一。我的脚比人类的腿都要大。

什么是翼龙?

翼龙是一种会飞的爬行动物，与恐龙生活在同一时代。它们的翅膀是手臂和手指骨头之间的一层薄薄的皮肤。它们是高超的飞行家。

你更喜欢什么?

你想要慈母龙做你的妈妈，还是玛君龙做你的妈妈？科学家们觉得，玛君龙可能会吃掉它们的家庭成员。

你愿意与霸王龙战斗，还是和翼龙一起飞？

你想成为能快速奔跑的似鸡龙，还是行动缓慢的剑龙？

你想拥有像霸王龙一样的牙齿，还是像超龙一样的脖子？选择前者的话，你需要一把大牙刷；选择后者，你需要一条长围巾。

你想像腕龙一样大，还是像小盗龙一样小呢？

如果你有蜥脚类恐龙的身体，你会用长尾巴拍水，还是会让人们从你的身体上滑下来？

你愿意身上长满柔软蓬松的羽毛，还是头上长可怕的角呢？

你愿意与特暴龙一起喝茶，拥抱鲨齿龙，还是抚摸剑龙呢？

蜥脚类恐龙为什么长得这么大呢？

蜥脚类恐龙是体形巨大的食草动物。它们的骨头和肌肉也巨大无比，这样才能使庞大的身体运动起来。这类恐龙的骨头里长有孔洞和气囊，从而减轻了一些身体重量。否则的话，它们更重。

恐龙能把汽车压扁吗？

阿根廷龙体重超过 60 吨。如果它坐在一辆汽车上，立刻就能把汽车压扁。在所有已知的动物中，霸王龙的咬合力是最强的，它能把汽车咬碎。

嘎吱！

腕龙

我的身高是长颈鹿的4倍。

恐龙是怎么杀死
猎物的呢？

它们身上有能杀
死猎物的武器，比如爪
子、嘴巴、牙齿和尾巴，这
些武器都能令其他动物受伤，
从而抓住或者杀死它们。迅猛龙
的脚上长有长长的、弯曲的爪
子，可以用来撕扯猎物。

恐龙后来怎么样了呢？

在统治世界超过 1.5 亿年后，灾难降临到了恐龙身上。一块我们称为小行星的巨大太空岩石撞击了地球。

撞击后，地球发生了什么变化呢？

地球变得寒冷阴暗。因为植物不能生长了，所以食物很少。在接下来的几千年里，包括恐龙在内的大多数动物都灭绝了。

恐龙和一些其他动物开始死亡

小行星撞击地球产生的破坏力相当于10亿颗巨大的炸弹爆炸的力量

撞击产生了巨大的海浪、洪水和炙热的风，随后由尘埃形成的黑云布满天空

恐龙还活着吗？

是的。鸟类就属于恐龙家族。有一些鸟类和其他动物在小行星撞击地球的灾难中存活了下来。现在，全世界有9 000多种不同种类的鸟。

老鹰和很多恐龙一样，有锋利的爪子和尖锐的喙

我也是恐龙啊！你相信吗？

大约200万年前，南美洲生活着不会飞的巨鸟，非常可怕

鸭子、鹅、鸡是恐龙的亲戚

谁收集恐龙的便便呢？

①
这只恐龙死了，它身上柔软的部分都腐烂掉了

我们收集！我们是古生物学家，负责寻找古代动物的遗骸。

化石是什么呢？

化石是动物的遗骸经过数百万年沉积、石化而形成的石头。

②
它的骨头被沙子和泥土掩埋

我们寻找恐龙的化石和脚印。由恐龙便便形成的化石则可以帮助我们弄清楚恐龙吃什么。

我们在哪里能找到恐龙呢？

很多博物馆都有恐龙化石，你可以去那里参观。这些化石是从世界各地挖掘出土的，美国和中国都出土过不少恐龙化石。泥岩、砂岩和石灰岩都是容易找到化石的岩石。

那是谁的牙齿呢？

这是霸王龙牙齿的化石。成年霸王龙长有 50 颗巨大的牙齿。而且，如果旧的牙齿掉了或者坏了，还会长出新的牙齿。

③

随着时间的流逝，骨头被越来越多的沙子和泥土掩埋，逐渐变成了石头，这个过程叫作石化

当土地因为遭到侵蚀流失的时候，我的骨头就露出来了。

有趣的问题

有史以来最大、最可怕的恐龙是哪种？

大概要数棘龙了。它比霸王龙还要大、还要重。棘龙巨大的头上长着像鳄鱼一样的大嘴巴，里面长满了牙齿。

一共有多少种恐龙呢？

目前已被发现和命名的恐龙约为 2 000 种，然而还有更多恐龙种类等待着我们去发现。

为什么腕龙要吃石头呢？

和很多爬行动物一样，腕龙吃石头可能是为了帮助磨碎胃里难以消化的植物性食物。

恐龙聪明吗？

有一些恐龙比较聪明。按照大脑与身体的比例来衡量，伤齿龙的大脑比较大，它比乌龟聪明，但是没有鹦鹉聪明。